런런 옥스퍼드 수학

2권

덧셈과 뺄셈

KB130644

안녕! 나는 썸이야.

나는 스팟!

차 례

한 자리 수 더하기

먼저 가장 가까운 몇십으로 뛰어 봐.

1 수직선을 이용하여 덧셈을 해 보세요.

기억하자!
1부터 9는 한 자리 수예요.

1 14 + 8 = 22

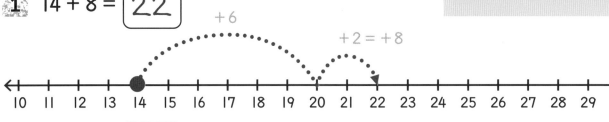

+6   +2 = +8

10 11 12 13 14 15 16 17 18 19 20 21 22 23 24 25 26 27 28 29 30

2 26 + 5 = ☐

20 21 22 23 24 25 26 27 28 29 30 31 32 33 34 35 36 37 38 39 40

3 39 + 7 = ☐

30 31 32 33 34 35 36 37 38 39 40 41 42 43 44 45 46 47 48 49 50

2 (두 자리 수) + 9를 해 보세요.

10만큼 뛴 다음 다시 1만큼 돌아와.

1 15 + 9 = ☐

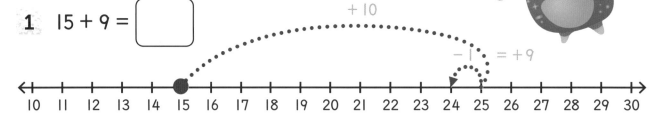

+10   -1 = +9

10 11 12 13 14 15 16 17 18 19 20 21 22 23 24 25 26 27 28 29 30

2 27 + 9 = ☐

20 21 22 23 24 25 26 27 28 29 30 31 32 33 34 35 36 37 38 39 40

3 34 + 9 = ☐

30 31 32 33 34 35 36 37 38 39 40 41 42 43 44 45 46 47 48 49 50

3 수직선을 이용하여 덧셈을 해 보세요.

1 $96 + 5 = \boxed{101}$

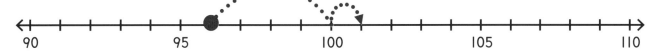

2 $154 + 8 = \boxed{}$

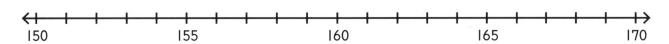

3 $298 + 6 = \boxed{}$

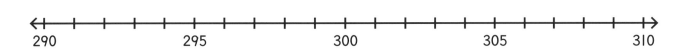

4 수직선을 이용하여 덧셈을 해 보세요.

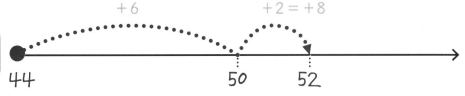

1 $44 + 8 = \boxed{52}$

2 $65 + 7 = \boxed{}$

3 $98 + 9 = \boxed{}$

체크! 체크!
수직선에서 올바르게 이동했는지
다시 한번 확인하세요. ☐

잘 했어!

칭찬 스티커를
붙이세요.

문제를 다 푼 다음, 32쪽으로!

두 자리 수 더하기

1 같은 자리의 수끼리 더해 합을 구해 보세요.

기억하자!
두 자리 수는 10부터 99까지의 수예요.

두 자리 수를
십의 자리와 일의 자리로
구분할 수 있니?

1 48 + 23 = ⬚ 71

십	일		십	일			십	일
4	0	+	2	0			6	0
	8	+		3		+	1	1
							7	1

2 37 + 15 = ⬚

십	일		십	일		십	일

3 29 + 34 = ⬚

십	일		십	일		십	일

4 27 + 18 = ⬚

십	일		십	일		십	일

5 19 + 38 = ⬚

십	일		십	일		십	일

칭찬 스티커를
붙이세요.

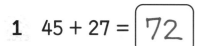

세로셈을 할 때 자리를 맞추는 것은 매우 중요해.

2 다음과 같은 방법으로 덧셈을 해 보세요.

1 45 + 27 = $\boxed{72}$

십	일		십	일			십	일
4	0	+	2	0			6	0
	5	+		7		+	1	2
							7	2

2 24 + 26 = $\boxed{}$

십	일		십	일			십	일

3 33 + 48 = $\boxed{}$

십	일		십	일			십	일

4 56 + 39 = $\boxed{}$

십	일		십	일			십	일

3 다음과 같은 방법으로 덧셈을 해 보세요.

1 213 + 46 = $\boxed{}$

백	십	일		백	십	일			백	십	일
2	0	0	+			0					
	1	0	+		4	0					
		3	+			6		+			

2 348 + 35 = $\boxed{}$

백	십	일		백	십	일			백	십	일

체크! 체크!
자리를 잘 맞추어 세로셈을 했나요? $\boxed{}$

문제를 다 푼 다음, 32쪽으로!

세 자리 수 더하기

작은 네모 칸 하나에
숫자 하나를 써.

1 다음과 같은 방법으로 덧셈을
해 보세요.

기억하자!
세 자리 수는 100부터 999까지의
수예요.

1 365 + 423 = $\boxed{788}$

백	십	일		백	십	일		백	십	일
3	0	0	+	4	0	0		7	0	0
	6	0	+		2	0			8	0
		5	+			3	+			8
								7	8	8

2 525 + 352 = $\boxed{}$

백	십	일		백	십	일		백	십	일

2 다음 덧셈을 하세요.

일의 자리나
십의 자리에서
받아올림이 있으니
주의해!

1 248 + 324 = $\boxed{}$

2 736 + 148 = $\boxed{}$

3 819 + 116 = $\boxed{}$

4 428 + 317 = $\boxed{}$

5 264 + 163 =

백	십	일	백	십	일		백	십	일

6 392 + 357 =

백	십	일	백	십	일		백	십	일

7 585 + 221 =

백	십	일	백	십	일		백	십	일

8 143 + 475 =

백	십	일	백	십	일		백	십	일

이 덧셈은 일의 자리와 십의 자리에서 받아올림이 두 번 있어.

3 다음 덧셈을 하세요.

1 296 + 225 =

백	십	일	백	십	일		백	십	일

2 687 + 146 =

백	십	일	백	십	일		백	십	일

체크! 체크!

받아올림이 있을 때 받아올린 수를 올바른 자리에 더했는지 확인하세요.

잘했어!

칭찬 스티커를 붙이세요.

문제를 다 푼 다음, 32쪽으로!

세로셈 (두 자리 수 덧셈)

1 두 수의 합을 어림해 보고 알맞은 수에 ○표 하세요. 그리고 실제 계산해 보세요.

일의 자리부터 계산해.

기억하자!

각 수를 일의 자리에서 반올림하여 몇십으로 나타낸 다음 어림해 보세요.

1 47 + 21 = 68

어림값
50
60
(70)
80

	십	일
	4	7
+	2	1
	6	8

2 32 + 22 =

어림값
40
50
60
70

	십	일
+		

3 48 + 31 =

어림값
60
70
80
90

	십	일
+		

4 20 + 34 =

어림값
40
50
60
70

	십	일
+		

5 13 + 54 =

어림값
50
60
70
80

	십	일
+		

6 17 + 81 =

어림값
70
80
90
100

	십	일
+		

2 두 수의 합을 어림해 보고 알맞은 수에 ◯표 하세요. 그리고 실제 계산해 보세요.

일의 자리에서 받아올린 수는 십의 자리 줄 맨 위에 써.

1 38 + 23 = 61

어림값
40
50
⑥⓪
70

	십	일
	1	
	3	8
+	2	3
	6	1

2 43 + 29 =

어림값
50
60
70
80

	십	일
+		

3 48 + 32 =

어림값
60
70
80
90

	십	일
+		

4 78 + 15 =

어림값
70
80
90
100

	십	일
+		

3 다음 문제를 풀어 보세요.

1 애쉬는 구슬을 47개 가지고 있어요. 그런데 책상 서랍에서 52개를 더 찾았어요. 애쉬가 가지고 있는 구슬은 모두 몇 개인가요?

	십	일
+		

☐개

2 제이미는 슈퍼마켓에서 축구 카드 48장을 사고 친구에게 39장을 받았어요. 제이미가 가지고 있는 카드는 모두 몇 장인가요?

	십	일
+		

☐장

칭찬 스티커를 붙이세요.

문제를 다 푼 다음, 32쪽으로!

세로셈(세 자리 수 덧셈)

1 다음 덧셈을 어림해 보고 실제 계산해 보세요.

십의 자리에서 반올림하면 425는 400, 173은 200이야. 그래서 두 어림수를 더하면 600.

1 425 + 173 = 598

	백	십	일
어림값	6	0	0
	4	2	5
+	1	7	3
	5	9	8

2 236 + 143 =

	백	십	일
어림값			
	2	3	6
+	1	4	3

3 351 + 223 =

	백	십	일
어림값			
+			

4 563 + 224 =

	백	십	일
어림값			
+			

5 132 + 553 =

	백	십	일
어림값			
+			

6 201 + 715 =

	백	십	일
어림값			
+			

2 빈칸에 알맞은 스티커를 붙이세요.

톰이 계산을 하다가 숫자 몇 개를 빠뜨렸어요. 톰이 빠뜨린 숫자는 무엇일까요?

1

	백	십	일
어림값	8	0	0
	5	2	4
+			
	8	4	7

2

	백	십	일
어림값	8	0	0
+	4	3	1
	8	4	7

3 다음 덧셈을 하세요.

1 284 + 263 = $\boxed{547}$

	백	십	일
어림값	6	0	0
		1	
	2	8	4
+	2	6	3
	5	4	7

2 592 + 244 = $\boxed{}$

	백	십	일
어림값			
	5	9	2
+	2	4	4

체크! 체크!

십의 자리에서
받아올린 수를
알맞은 줄에 썼나요? ☐

3 241 + 468 = $\boxed{}$

	백	십	일
어림값			
+			

4 190 + 497 = $\boxed{}$

	백	십	일
어림값			
+			

칭찬 스티커를
붙이세요.

세로셈(세 자리 수 덧셈)

1 다음 세 자리 수의 덧셈을 하세요.

기억하자!

일의 자리와 십의 자리에서 받아올린 수를 각각 올바른 자리에 써야 해요.

반올림하여 몇백으로 나타내면 276은 300, 195는 200이야. 그래서 두 어림수를 더하면 500.

1 276 + 195 = 471

	백	십	일
어림값	5	0	0
		1	1
	2	7	6
+	1	9	5
	4	7	1

2 339 + 284 =

	백	십	일
어림값			
+			

3 287 + 218 =

	백	십	일
어림값			
+			

4 438 + 399 =

	백	십	일
어림값			
+			

2 빈칸에 알맞은 스티커를 붙이세요.

아델이 계산을 하다가 숫자 몇 개를 빠뜨렸어요. 아델이 빠뜨린 숫자는 무엇일까요?

1

	백	십	일
어림값	8	0	0
		1	1
	4	7	8
+		5	
	7	3	2

2

	백	십	일
어림값	5	0	0
		1	1
			8
+	1	8	8
	5	1	6

문제를 다 푼 다음, 32쪽으로!

더 좋은 방법 고르기

어떤 방법이 더 빠르니?

1 다음과 같이 두 가지 방법으로 덧셈을 해 보세요.

1 수직선에서 계산하기

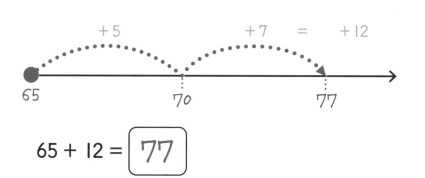

$$65 + 12 = \boxed{77}$$

세로셈으로 계산하기

	십	일
어림값	8	0
	6	5
+ 1	1	2
	7	7

$$65 + 12 = \boxed{}$$

2 수직선에서 계산하기

$$299 + 101 = \boxed{}$$

세로셈으로 계산하기

	백	십	일
어림값			
+			

$$299 + 101 = \boxed{}$$

3 수직선에서 계산하기

$$326 + 598 = \boxed{}$$

세로셈으로 계산하기

	백	십	일
어림값			
+			

$$326 + 598 = \boxed{}$$

체크! 체크!
받아올림을 바르게 했나요? ☐

한 자리 수 빼기

1 수직선을 이용하여
두 수의 차를 구해 보세요.

기억하자!
한 자리 수를 뺄 때에는
수직선에서 왼쪽으로
이동하며 세어요.

> 먼저 가장 가까운
> 몇십까지 왼쪽으로
> 이동해 봐.

1 25 − 6 = 19

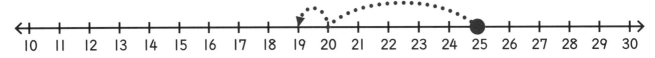

2 33 − 7 = ☐

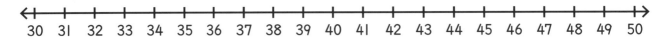

3 42 − 5 = ☐

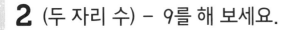

2 (두 자리 수) − 9를 해 보세요.

> 10칸 왼쪽으로 이동한
> 다음 다시 한 칸 오른쪽으로
> 이동하면 쉬워.

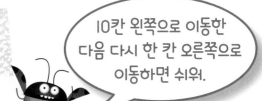

1 24 − 9 = 15

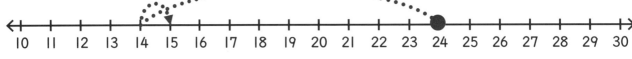

2 37 − 9 = ☐

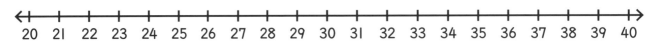

3 48 − 9 = ☐

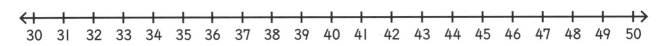

1 103 − 7 = $\boxed{96}$

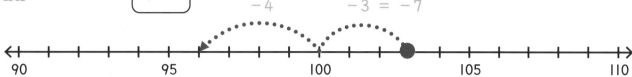

−4　　　−3 = −7

90　　　95　　　100　　　105　　　110

2 504 − 6 = $\boxed{}$

490　　　495　　　500　　　505　　　510

3 246 − 9 = $\boxed{}$

230　　　235　　　240　　　245　　　250

4 다음과 같은 방법으로 두 수의 차를 구해 보세요.

−4　　　　　−4

1 24 − 8 = $\boxed{16}$

16　　　20　　　24

2 85 − 7 = $\boxed{}$

3 52 − 9 = $\boxed{}$

잘했어!

칭찬 스티커를
붙이세요.

체크! 체크!
수직선 왼쪽으로 이동할 때 정확한 수만큼 이동했나요? $\boxed{}$

문제를 다 푼 다음, 32쪽으로!

두 자리 수 빼기

1 빼는 수에서 시작하는 방법으로 다음과 같이 두 수의 차를 구해 보세요.

가장 가까운 몇십까지 먼저 뛰어 봐.

1 25 − 16 = [9]

+4   +5 = +9

10 11 12 13 14 15 16 17 18 19 20 21 22 23 24 25 26 27 28 29 30

2 37 − 23 = [ ]

20 21 22 23 24 25 26 27 28 29 30 31 32 33 34 35 36 37 38 39 40

3 33 − 17 = [ ]

15 16 17 18 19 20 21 22 23 24 25 26 27 28 29 30 31 32 33 34 35

2 수직선을 이용하여 두 수의 차를 구해 보세요.

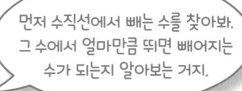

먼저 수직선에서 빼는 수를 찾아봐. 그 수에서 얼마만큼 뛰면 빼어지는 수가 되는지 알아보는 거지.

1 62 − 54 = [8]

+6   +2 = +8

54   60   62

2 45 − 33 = [ ]

3 97 − 82 = [ ]

3 수직선을 이용하여 두 수의 차를 구해 보세요.

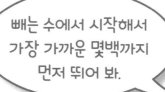

빼는 수에서 시작해서 가장 가까운 몇백까지 먼저 뛰어 봐.

1 105 − 93 = $\boxed{12}$

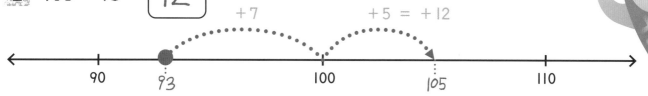

+7   +5 = +12

90   93   100   105   110

2 114 − 87 = $\boxed{}$

80   90   100   110   120

3 128 − 96 = $\boxed{}$

90   100   110   120   130

4 수직선을 이용하여 두 수의 차를 구해 보세요.

1 102 − 84 = $\boxed{18}$

+6   +10   +2 = +18

84   90   100 102

2 107 − 92 = $\boxed{}$

3 115 − 88 = $\boxed{}$

칭찬 스티커를 붙이세요.

체크! 체크!
빼는 수에서 시작했나요? $\boxed{}$

문제를 다 푼 다음, 32쪽으로!

세 자리 수 빼기

162와 156은 가까이에 있어.

기억하자!
빼어지는 수와 빼는 수가 서로
가까울 때는 수직선을 이용해요.

1 빼는 수에서 시작하는 방법으로 두 수의 차를 구해 보세요.

1 162 − 156 = $\boxed{6}$

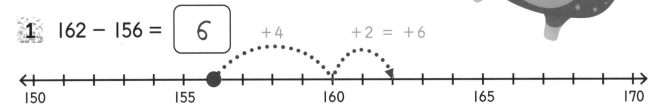

+4   +2 = +6

150   155   160   165   170

2 246 − 234 = $\boxed{}$

230   235   240   245   250

3 487 − 472 = $\boxed{}$

470   475   480   485   490

2 수직선을 이용하여 두 수의 차를 구해 보세요.

빼는 수에서 시작하는 것 잊지 마.

+5   +4 = +9

1 184 − 175 = $\boxed{9}$

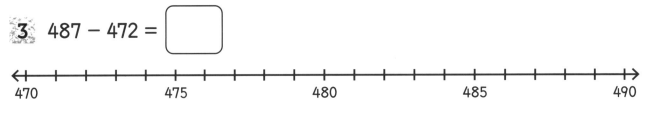

175   180   184

2 232 − 216 = $\boxed{}$

3 571 − 558 = $\boxed{}$

3 수직선을 이용하여 두 수의 차를 구해 보세요.

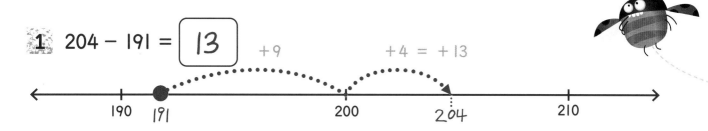

1 204 − 191 = $\boxed{13}$

+9   +4 = +13

190   191   200   2̇0̇4̇   210

2 312 − 297 = $\boxed{}$

290   300   310   320

3 951 − 898 = $\boxed{}$

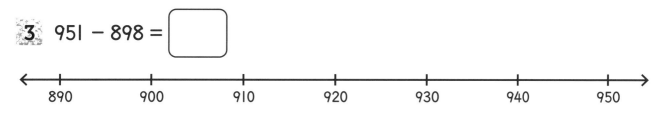

890   900   910   920   930   940   950

4 수직선을 이용하여 두 수의 차를 구해 보세요.

+7   +8 = +15

1 208 − 193 = $\boxed{15}$

1̇9̇3̇   2̇0̇0̇   2̇0̇8̇

2 309 − 292 = $\boxed{}$

3 411 − 389 = $\boxed{}$

체크! 체크!
수직선에서 뛴 만큼 올바르게 더했나요? $\boxed{}$

칭찬 스티커를
붙이세요.

문제를 다 푼 다음, 32쪽으로!

세로셈 (두 자리 수 뺄셈)

1 두 수의 차를 어림해 보고 알맞은 수에 ○표 하세요. 그리고 실제 계산해 보세요.

기억하자!
일의 자리에서 반올림하여 몇십으로 나타낸 다음 계산해 보세요.

일의 자리부터 계산해.

1 73 − 52 = ⬜ 2 1

어림값
10
(20)
30
40

십	일
7	3
− 5	2
2	1

2 87 − 33 = ⬜

어림값
40
50
60
70

십	일
8	7
− 3	3

3 48 − 16 = ⬜

어림값
10
20
30
40

십	일
−	

4 64 − 21 = ⬜

어림값
20
30
40
50

십	일
−	

5 98 − 37 = ⬜

어림값
40
50
60
70

십	일
−	

2 두 수의 차를 어림해 보고 알맞은 수에 ○표 하세요.
그리고 실제 계산해 보세요.

1 53 − 24 = [29]

어림값
(30)
40
50
60

	십	일
	4	10
	5̸	3
−	2	4
	2	9

2 42 − 18 = [ ]

어림값
10
20
30
40

	십	일
−		

3 78 − 38 = [ ]

어림값
10
20
30
40

	십	일
−		

4 85 − 67 = [ ]

어림값
10
20
30
40

	십	일
−		

3 다음 문제를 풀어 보세요.

1 자라는 강아지 사료 94g을 가지고 있었어요. 그중 42g을 강아지에게 줬어요. 남은 사료는 얼마인가요?

십	일
−	

[ ]g

2 3학년에는 84명의 어린이가 있는데 오늘은 아픈 어린이들이 결석하여 57명만 학교에 있어요. 아픈 어린이는 몇 명인가요?

십	일
−	

[ ]명

체크! 체크!
먼저 답을 어림해 보았나요? [ ]

칭찬 스티커를
붙이세요.

문제를 다 푼 다음, 32쪽으로!

세로셈 (세 자리 수 뺄셈)

1 다음 뺄셈을 어림해 보고 실제 계산해 보세요.

> **기억하자!**
> 세로셈을 할 때에는 자리를 잘 맞추어야 해요.

1 347 − 135 = [212]

		백	십	일
어림값		2	0	0
		3	4	7
	−	1	3	5
		2	1	2

> 십의 자리에서
> 반올림하면 347은 300,
> 135는 100이야.
> 따라서 두 어림수의 차는
> 200.

2 594 − 253 = [ ]

		백	십	일
어림값				
		5	9	4
	−	2	5	3

3 986 − 413 = [ ]

		백	십	일
어림값				
	−			

4 869 − 243 = [ ]

		백	십	일
어림값				
	−			

> **체크! 체크!**
> 자리를 잘 맞추어
> 수를 썼나요? [ ]

5 457 − 312 = [ ]

		백	십	일
어림값				
	−			

6 675 − 205 = [ ]

		백	십	일
어림값				
	−			

2 세 자리 수의 뺄셈을 해 보세요.

1 483 − 246 = $\boxed{237}$

	백	십	일
어림값	3	0	0
	4	$\cancel{8}^{7}$	3^{10}
−	2	4	6
	2	3	7

2 569 − 238 = $\boxed{}$

	백	십	일
어림값			
−			

3 835 − 217 = $\boxed{}$

	백	십	일
어림값			
−			

4 684 − 255 = $\boxed{}$

	백	십	일
어림값			
−			

3 다음 문제를 풀어 보세요.

1 남극까지의 거리는 596 km예요. 탐험가가 284 km 걸었다면 앞으로 얼마나 더 가야 하나요?

	백	십	일
어림값			
−			

$\boxed{}$ km

2 기린의 몸무게는 891 kg이고 낙타의 몸무게는 475 kg이에요. 두 동물의 몸무게 차는 얼마인가요?

	백	십	일
어림값			
−			

$\boxed{}$ kg

칭찬 스티커를 붙이세요.

세로셈(세 자리 수 뺄셈)

1 두 수의 차를 구해 보세요.

기억하자!
뺄 수 없을 때에는 윗자리에서 받아내림하세요.

1 329 − 187 = ⌈142⌋

		백	십	일
어림값		1	0	0
		²3̸	¹⁰2	9
−		1	8	7
		1	4	2

2 564 − 273 =

		백	십	일
어림값				
−				

3 845 − 182 =

		백	십	일
어림값				
−				

4 718 − 394 =

		백	십	일
어림값				
−				

5 937 − 472 =

		백	십	일
어림값				
−				

6 629 − 453 =

		백	십	일
어림값				
−				

백의 자리에서 십의 자리로 받아내림해.

2 빈칸에 알맞은 스티커를 붙이세요.

1 다요가 뺄셈을 해요. 그런데 숫자 몇 개가 없어요. 빠진 숫자는 무엇일까요?

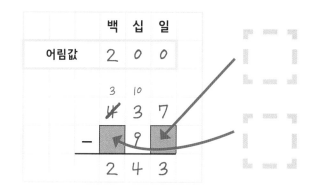

2 벨라가 뺄셈을 해요. 그런데 숫자 몇 개가 없어요. 빠진 숫자는 무엇일까요?

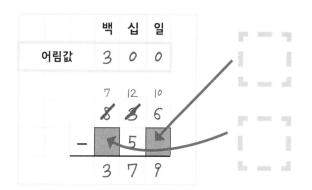

3 다음 세 자리 수의 뺄셈을 하세요.

1 435 − 167 = 268

2 563 − 376 =

3 824 − 289 =

4 746 − 398 =

칭찬 스티커를
붙이세요.

체크! 체크!
십의 자리와 백의 자리에서 받아내림을 올바르게 했나요?

문제를 다 푼 다음, 32쪽으로!

식을 바꾸어 계산하여 확인하기

1 뺄셈식을 이용하여 덧셈의 답을 확인해 보세요.

덧셈식의 답은 뺄셈식으로 확인할 수 있어. 2 + 5 = 7의 답을 확인하려면 7 - 5 = 2인지 확인하면 돼.

기억하자!
덧셈식과 뺄셈식은 서로 바꾸어 계산하여 답을 확인할 수 있어요.

1 23 + 45

	십	일
	2	3
+	4	5
	6	8

식을 바꾸어 계산하기

	십	일
	6	8
-	4	5
	2	3

2 32 + 65

식을 바꾸어 계산하기

3 43 + 19

식을 바꾸어 계산하기

2 덧셈식을 이용하여 뺄셈의
   답을 확인해 보세요.

빼셈식은 덧셈식으로
답을 확인할 수 있어.

1 76 − 42

	십	일
	7	6
−	4	2
	3	4

식을 바꾸어
계산하기

	십	일
	3	4
+	4	2
	7	6

2 56 − 34

식을 바꾸어
계산하기

3 63 − 38

식을 바꾸어
계산하기

체크! 체크!
덧셈식으로 계산하였을 때 답이
빼어지는 수가 나왔나요? ☐

잘했어!

문제를 다 푼 다음, 32쪽으로!

빈칸 채우기

1 비밀 요원이 덧셈식과 뺄셈식에 비밀 숫자를 숨겨 놓았어요. 빈칸에 알맞은 숫자를 넣어 비밀 숫자를 알아보세요.

기억하자!
문제가 덧셈인지 뺄셈인지 확인하세요.

빈칸의 수를 다 찾았으면 그 수들을 맨 아래 빈칸에 차례로 써 봐.

1

		십	일
		4	4
	+	1	2
		5	6

2

		십	일
			7
	−	2	
		4	2

3

		백	십	일
		2		7
	+		6	1
		4	9	8

4

		백	십	일
			8	6
	−	6		5
		1	8	1

5

		백	십	일
			⁴5̸	¹⁰6
	−	6	3	
		3	1	8

비밀 숫자를 알아냈니?

이제 스티커에서 비밀 숫자를 찾아 아래에 붙이세요.
왼쪽에 있는 숫자부터 붙이세요.

1	4								

문제 해결 방법

여기 내가 한 걸 보고 참고해.

1 문제를 읽고 덧셈 문제인지 뺄셈 문제인지 또는 덧셈, 뺄셈이 모두 포함된 문제인지 확인하세요.

⬇

2 조건이 되는 수에 ◯표 하세요.

⬇

3 계산식을 만드세요.

⬇

4 답을 어림해 보세요.

⬇

5 가장 좋은 풀이 방법을 골라 문제를 푸세요.

⬇

6 어림하기나 식을 바꾸어 계산하기를 통해 답을 확인하세요.

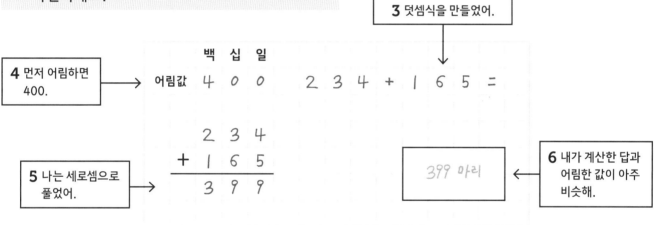

1

2 이 두 수가 조건이 되는 수야.

농부가 소 ⟨234⟩마리와 양 ⟨165⟩마리를 가지고 있어요. 농부가 가지고 있는 소와 양은 모두 몇 마리인가요?

1 이 말은 덧셈을 해야 한다는 뜻이야.

3 덧셈식을 만들었어.

4 먼저 어림하면 400.

```
       백 십 일
어림값   4  0  0      2 3 4 + 1 6 5 =

          2  3  4
        + 1  6  5
        ─────────
          3  9  9
```

5 나는 세로셈으로 풀었어.

399 마리

6 내가 계산한 답과 어림한 값이 아주 비슷해.

2 위와 같은 방법으로 다음 문제를 풀어 보세요.

루시는 247권의 책을 가지고 있었는데 그중 125권을 자선 행사에 기부했어요. 루시에게 남아 있는 책은 몇 권인가요?

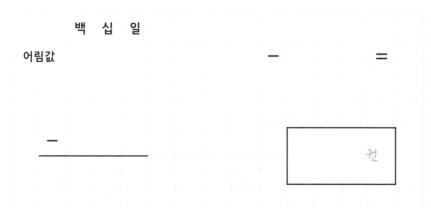

```
      백 십 일
어림값               ─        =
```

```
    ─
  ───────
```

권

체크! 체크!
어림하기를 이용해 답을 확인했나요? ☐

 칭찬 스티커를 붙이세요.

문제를 다 푼 다음, 32쪽으로!

혼합 문제

1 덧셈이나 뺄셈을 이용하여 다음 문제를 풀어 보세요.

덧셈을 했니, 뺄셈을 했니?
올바른 것에 ○표 해 봐.

기억하자!
먼저 어림하여 답이 타당한지 확인하세요.

1 오언은 옥스퍼드까지 39 km를 걸었고,
런던까지 85 km를 더 걸었어요.
오언이 걸은 거리는 모두 얼마인가요?
알맞은 식에 ○표 하고 계산해 보세요.

$85 - 39$ $(39 + 85)$

$39 - 85$ $85 + 85$

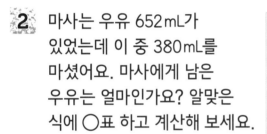

km

2 마사는 우유 652 mL가
있었는데 이 중 380 mL를
마셨어요. 마사에게 남은
우유는 얼마인가요? 알맞은
식에 ○표 하고 계산해 보세요.

$660 - 352$ $360 + 652$

$652 - 380$ $652 + 360$

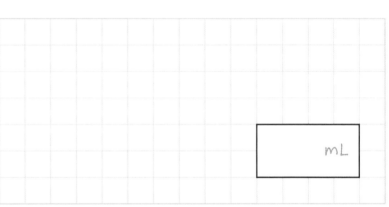

mL

3 콘래드 가족의 몸무게는
총 284 kg이고 사촌 가족의
몸무게는 총 367 kg이에요.
두 가족의 몸무게는 모두
얼마인가요? 알맞은 식에
○표 하고 계산해 보세요.

$284 + 367$ $284 - 367$

$367 - 284$ $267 + 384$

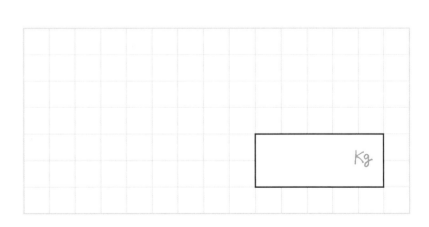

Kg

2 덧셈이나 뺄셈을 이용하여 다음 문제를 풀어 보세요.

1 스카이다이버가 땅에서 998m 높이의 비행기에서 뛰어내렸어요.
그런 다음 456m 내려온 지점에서 낙하산을 펼쳤어요. 낙하산을
펼친 후 얼마를 더 내려와야 땅에 도착할까요?

m

2 497명의 홈 팬과 364명의 원정 팬이 축구 경기를 보고 있어요.
하프 타임에 91명이 집에 갔다면 남아 있는 팬은 몇 명인가요?

이 문제를 풀려면
덧셈과 뺄셈을
모두 해야 해.

명

3 비행기가 시속 294km로 이륙했어요. 순항 속도에
도달하기 위해 시속 589km만큼 속도를 더 높였어요.
그런 다음 착륙을 위해 시속 616km만큼 속도를
낮췄어요. 착륙할 때 속도는 시속 얼마인가요?

체크! 체크!
받아올림과 받아내림을
정확히 했나요?

칭찬 스티커를
붙이세요.

km

문제를 다 푼 다음, 32쪽으로!

나의 실력 점검표

얼굴에 색칠하세요.

쪽	나의 실력은?	스스로 점검해요!
2~3	(두 자리 수)+(한 자리 수), (세 자리 수)+(한 자리 수)를 할 수 있어요.	😊 😐 🙁
4~5	(두 자리 수)+(두 자리 수), (세 자리 수)+(두 자리 수)를 할 수 있어요.	😊 😐 🙁
6~7	(세 자리 수)+(세 자리 수)를 할 수 있어요.	😊 😐 🙁
8~9	세로셈으로 두 자리 수 더하기를 할 수 있어요.	😊 😐 🙁
10~12	세로셈으로 세 자리 수 더하기를 할 수 있어요.	😊 😐 🙁
13~15	더 좋은 방법을 찾아 덧셈을 할 수 있고 (두 자리 수)-(한 자리 수), (세 자리 수)-(한 자리 수)를 할 수 있어요.	😊 😐 🙁
16~17	(두 자리 수)-(두 자리 수), (세 자리 수)-(두 자리 수)를 할 수 있어요.	😊 😐 🙁
18~19	(세 자리 수)-(세 자리 수)를 할 수 있어요.	😊 😐 🙁
20~21	세로셈으로 두 자리 수 빼기를 할 수 있어요.	😊 😐 🙁
22~25	세로셈으로 세 자리 수 빼기를 할 수 있어요.	😊 😐 🙁
26~27	식을 바꾸어 계산하여 답을 확인할 수 있어요.	😊 😐 🙁
28~29	빠진 숫자를 찾을 수 있고 문장형 문제 해결 방법을 알아요.	😊 😐 🙁
30~31	문장형 문제를 풀 수 있어요.	😊 😐 🙁

너는 어때?

정답

1-2. 31

2-1. 24

2-3. 43

3-2. 162

4-2. 72

1-3. 46

2-2. 36

3-3. 304

4-3. 107

1-2. 37 + 15 = [52]

십 일	십 일	십 일
30 + 10	40	
7 + 5		+ 1 2
		5 2

1-3. 29 + 34 = [63]

십 일	십 일	십 일
20 + 30	50	
9 + 4		+ 1 3
		6 3

1-4. 27 + 18 = [45]

십 일	십 일	십 일
20 + 10	30	
7 + 8		+ 1 5
		4 5

1-5. 19 + 38 = [57]

십 일	십 일	십 일
10 + 30	40	
9 + 8		+ 1 7
		5 7

2-2. 24 + 26 = [50]

십 일	십 일	십 일
20 + 20	40	
4 + 6		+ 1 0
		5 0

2-3. 33 + 48 = [81]

십 일	십 일	십 일
30 + 40	70	
3 + 8		+ 1 1
		8 1

2-4. 56 + 39 = [95]

십 일	십 일	십 일
50 + 30	80	
6 + 9		+ 1 5
		9 5

3-1. 213 + 46 = [259]

백 십 일	백 십 일	백 십 일
200 + 0	200	
10 + 40	50	
3 + 6		+ 9
		2 5 9

3-2. 348 + 35 = [383]

백 십 일	백 십 일	백 십 일
300 + 0	300	
40 + 30	70	
8 + 5		+ 1 3
		3 8 3

1-2. 525 + 352 = [877]

백 십 일	백 십 일	백 십 일
500 + 300	800	
20 + 50	70	
5 + 2		+ 7
		8 7 7

2-1. 248 + 324 = [572]

백 십 일	백 십 일	백 십 일
200 + 300	500	
40 + 20	60	
8 + 4		+ 1 2
		5 7 2

2-2. 736 + 148 = [884]

백 십 일	백 십 일	백 십 일
700 + 100	800	
30 + 40	70	
6 + 8		+ 1 4
		8 8 4

2-3. 819 + 116 = [935]

백 십 일	백 십 일	백 십 일
800 + 100	900	
10 + 10	20	
9 + 6		+ 1 5
		9 3 5

2-4. 428 + 317 = [745]

백 십 일	백 십 일	백 십 일
400 + 300	700	
20 + 10	30	
8 + 7		+ 1 5
		7 4 5

2-5. 264 + 163 = [427]

백 십 일	백 십 일	백 십 일
200 + 100	300	
60 + 60	120	
4 + 3		+ 7
		4 2 7

2-6. 392 + 357 = [749]

백 십 일	백 십 일	백 십 일
300 + 300	600	
90 + 50	140	
2 + 7		+ 9
		7 4 9

2-7. 585 + 221 = [806]

백 십 일	백 십 일	백 십 일
500 + 200	700	
80 + 20	100	
5 + 1		+ 6
		8 0 6

2-8. 143 + 475 = [618]

백 십 일	백 십 일	백 십 일
100 + 400	500	
40 + 70	110	
3 + 5		+ 8
		6 1 8

3-1. 296 + 225 = [521]

백 십 일	백 십 일	백 십 일
200 + 200	400	
90 + 20	110	
6 + 5		+ 1 1
		5 2 1

3-2. 687 + 146 = [833]

백 십 일	백 십 일	백 십 일
600 + 100	700	
80 + 40	120	
7 + 6		+ 1 3
		8 3 3

1-2. 어림값: 50, 54

1-4. 어림값: 50, 54

1-6. 어림값: 100, 98

2-2. 어림값: 70, 72

2-4. 어림값: 100, 93

3-1. 99

1-3. 어림값: 80, 79

1-5. 어림값: 60, 67

2-3. 어림값: 80, 80

3-2. 87

1-2. 236 + 143 = [379]

	백 십 일
어림값	3 0 0
	2 3 6
+	1 4 3
	3 7 9

1-3. 351 + 223 = [574]

	백 십 일
어림값	6 0 0
	3 5 1
+	2 2 3
	5 7 4

1-4. 563 + 224 = [787]

	백 십 일
어림값	8 0 0
	5 6 3
+	2 2 4
	7 8 7

1-5. 132 + 553 = [685]

	백 십 일
어림값	7 0 0
	1 3 2
+	5 5 3
	6 8 5

1-6. 201 + 715 = [916]

	백 십 일
어림값	9 0 0
	2 0 1
+	7 1 5
	9 1 6

2-1. 3, 2, 3

2-2. 4, 1, 6

3-2. 592 + 244 = 836

	백	십	일
어림값	8	0	0
		1	
	5	7	2
+	2	4	4
	8	3	6

3-3. 241 + 468 = 709

	백	십	일
어림값	7	0	0
		1	
	2	4	1
+	4	6	8
	7	0	9

3-4. 190 + 497 = 687

	백	십	일
어림값	7	0	0
		1	
	1	9	0
+	4	9	7
	6	8	7

12쪽

1-2. 339 + 284 = 623

	백	십	일
어림값	6	0	0
		1	1
	3	3	9
+	2	8	4
	6	2	3

1-3. 287 + 218 = 505

	백	십	일
어림값	5	0	0
		1	1
	2	8	7
+	2	1	8
	5	0	5

1-4. 438 + 399 = 837

	백	십	일
어림값	8	0	0
		1	1
	4	3	8
+	3	9	9
	8	3	7

2-1. 2, 4

2-2. 3, 2

13쪽

1-1. 77

1-2. 400, 400

1-3. 924, 924

14~15쪽

1-2. 26

1-3. 37

2-2. 28

2-3. 39

3-2. 498

3-3. 237

4-2. 78

4-3. 43

16~17쪽

1-2. 14

1-3. 16

2-2. 12

2-3. 15

3-2. 27

3-3. 32

4-2. 15

4-3. 27

18~19쪽

1-2. 12

1-3. 15

2-2. 16

2-3. 13

3-2. 15

3-3. 53

4-2. 17

4-3. 22

20~21쪽

1-2. 어림값: 60, 54

1-3. 어림값: 30, 32

1-4. 어림값: 40, 43

1-5. 어림값: 60, 61

2-2. 어림값: 20, 24

2-3. 어림값: 40, 40

2-4. 어림값: 20, 18

3-1. 52

3-2. 27

22~23쪽

1-2. 594 − 253 = 341

	백	십	일
어림값	3	0	0
	5	9	4
−	2	5	3
	3	4	1

1-3. 986 − 413 = 573

	백	십	일
어림값	6	0	0
	9	8	6
−	4	1	3
	5	7	3

1-4. 869 − 243 = 626

	백	십	일
어림값	7	0	0
	8	6	9
−	2	4	3
	6	2	6

1-5. 457 − 312 = 145

	백	십	일
어림값	2	0	0
	4	5	7
−	3	1	2
	1	4	5

1-6. 675 − 205 = 470

	백	십	일
어림값	5	0	0
	6	7	5
−	2	0	5
	4	7	0

2-2. 569 − 238 = 331

	백	십	일
어림값	4	0	0
	5	6	9
−	2	3	8
	3	3	1

2-3. 835 − 217 = 618

	백	십	일
어림값	6	0	0
		2	10
	8	3̸	5
−	2	1	7
	6	1	8

2-4. 684 − 255 = 429

	백	십	일
어림값	4	0	0
		7	10
	6	8̸	4
−	2	5	5
	4	2	9

3-1. 312

	백	십	일
어림값	3	0	0
	5	9	6
−	2	8	4
	3	1	2

3-2. 416

	백	십	일
어림값	4	0	0
		8	10
	8	9̸	1
−	4	7	5
	4	1	6

1-2. 564 − 273 = [291]

	백	십	일
어림값	3	0	0
		4	10
	5̸	6	4
−	2	7	3
	2	9	1

1-3. 845 − 182 = [663]

	백	십	일
어림값	6	0	0
		7	10
	8̸	4	5
−	1	8	2
	6	6	3

1-4. 718 − 394 = [324]

	백	십	일
어림값	3	0	0
		6	10
	7̸	1	8
−	3	9	4
	3	2	4

1-5. 937 − 472 = [465]

	백	십	일
어림값	4	0	0
		8	10
	9̸	3	7
−	4	7	2
	4	6	5

1-6. 629 − 453 = [176]

	백	십	일
어림값	1	0	0
		5	10
	6̸	2	9
−	4	5	3
	1	7	6

2-1. 1, 4　　　　**2-2.** 4, 7

3-2. 563 − 376 = [187]

	백	십	일
어림값	2	0	0
	4	15	10
	5̸	6̸	3
−	3	7	6
	1	8	7

3-3. 824 − 289 = [535]

	백	십	일
어림값	5	0	0
	7	11	10
	8̸	2̸	4
−	2	8	9
	5	3	5

3-4. 746 − 398 = [348]

	백	십	일
어림값	3	0	0
	6	13	10
	7̸	4̸	6
−	3	9	8
	3	4	8

1-2.

```
    3 2          9 7
  + 6 5        − 6 5
    9 7          3 2
```
식을 바꾸어 계산하기

1-3.

```
    1            5 10
    4 3          6̸ 2
  + 1 9        − 1 9
    6 2          4 3
```
식을 바꾸어 계산하기

2-2.

```
    5 6          2 2
  − 3 4        + 3 4
    2 2          5 6
```
식을 바꾸어 계산하기

2-3.

```
    5 10          1
    6̸ 3          2 5
  − 3 8        + 3 8
    2 5          6 3
```
식을 바꾸어 계산하기

1-2.

	십	일
	6	7
−	2	5
	4	2

1-3.

	백	십	일
	2	3	7
+	2	6	1
	4	9	8

1-4.

	백	십	일
	7	8	6
−	6	0	5
	1	8	1

1-5.

	백	십	일
		4	10
	9	5̸	6
−	6	3	8
	3	1	8

`1　4　6　5　2　3　7　0　9　8`

2.

	백	십	일
어림값	1	0	0
	2	4	7
−	1	2	5
	1	2	2

247 − 125 =

[122 권]

1-1. 39 + 85, 124
1-2. 652 − 380, 272
1-3. 284 + 367, 651
2-1. 998 − 456 = 542
2-2. 497 + 364 = 861, 861 − 91 = 770
2-3. 294 + 589 = 883, 883 − 616 = 267

런런 옥스퍼드 수학

4-2 덧셈과 뺄셈

초판 1쇄 발행 2022년 12월 6일
글·그림 옥스퍼드 대학교 출판부 **옮김** 상상오름
발행인 이재진 **편집장** 안경숙 **편집 관리** 윤정원 **편집 및 디자인** 상상오름
마케팅 정지운, 김미정, 신희용, 박현아, 박소현 **국제업무** 장민경, 오지나 **제작** 신홍섭
펴낸곳 (주)웅진씽크빅
주소 경기도 파주시 회동길 20 (우)10881
문의 031)956-7403(편집), 02)3670-1191, 031)956-7065, 7069(마케팅)
홈페이지 www.wjjunior.co.kr **블로그** wj_junior.blog.me **페이스북** facebook.com/wjbook
트위터 @wjbooks **인스타그램** @woongjin_junior
출판신고 1980년 3월 29일 제406-2007-00046호
원제 PROGRESS WITH OXFORD: MATH
한국어판 출판권 ⓒ(주)웅진씽크빅, 2022 **제조국** 대한민국

ISBN 978-89-01-26531-5
ISBN 978-89-01-26510-0 (세트)

잘못 만들어진 책은 바꾸어 드립니다.
주의 1. 책 모서리가 날카로워 다칠 수 있으니 사람을 향해 던지거나 떨어뜨리지 마십시오.
　　 2. 보관 시 직사광선이나 습기 찬 곳은 피해 주십시오.